PONTS ET CHAUSSÉES.

DÉPARTEMENT DE L'AIN.

COURS D'ARBORICULTURE

APPLIQUÉ AUX

PLANTATIONS DES ROUTES.

19.

BOURG,
IMPRIMERIE DE FRÉD. DUFOUR.
1857

COURS D'ARBORICULTURE

APPLIQUÉ AUX

PLANTATIONS DES ROUTES.

RÉSUMÉ

DES LEÇONS PROFESSÉES A BOURG

par M. DU BREUIL.

PONTS ET CHAUSSÉES. — Département de l'Ain

COURS D'ARBORICULTURE

APPLIQUÉ AUX

PLANTATIONS DES ROUTES.

RÉSUMÉ

DES LEÇONS PROFESSÉES A BOURG

par M. DU BREUIL,

Conformément à la décision de S. Exc. M. le Ministre de l'Agriculture, du Commerce et des Travaux publics, en date du 29 mai 1857.

I CHOIX DES ESPÈCES PROPRES AUX PLANTATIONS D'ALIGNEMENT.

Les plantations d'alignement faites dans les villes et les bourgs présentent, pour l'ornement et la salubrité publique, des avantages incontestables. Le long des routes et canaux, ces plantations sont également utiles pour l'ornement, la commodité des voyageurs et la sécurité des communications en temps de neige; mais elles ont une importance bien plus grande, si on les considère au point de vue de la production du bois. Ces plantations doivent donc être dirigées de manière à donner le plus grand produit possible.

Les espèces doivent remplir les conditions suivantes :

1° Les arbres doivent s'élever suffisamment et avoir naturellement une tête plutôt pyramidale que ronde ;

2° Leur feuillage doit être ample, abondant, de manière à produire un ombrage épais ;

3° Les arbres doivent être très-rustiques pour résister facilement aux accidents nombreux auxquels ils sont exposés, et ne pas réclamer des soins minutieux ; leur reprise devra être facile lorsqu'on les replantera, même dans un âge avancé ; ils devront supporter facilement l'élagage et avoir un accroissement prompt et vigoureux.

4° Pour les plantations en rase campagne, le bois devra être de bonne qualité et d'une valeur assez élevée ;

5° Il faudra encore, et surtout, que les espèces choisies s'accommodent du climat, du sol et de l'exposition où elles devront être plantées.

Les espèces qui satisfont le mieux à ces diverses conditions sont indiquées dans le tableau suivant :

N° 1.

NOMS DES ESPÈCES.	REPRODUCTION.	ESPÈCES NON RECÉPÉES.	OBSERVATIONS.
Aune commun	Semis et boutures		Bois mou, se conservant très-bien sous l'eau, employé pour pilotis, corps de pompe, boisage de mines.
Charme commun	Semis		Bois dur, employé au charronnage.
Châtaignier	Idem		Bois d'une très-grande durée, employé pour la charpente, la menuiserie, la tonnellerie.
Chêne rouvre	Idem	Non recépé	Bois d'une grande importance pour les constructions et les arts mécaniques.
Chêne pédonculé	Idem	Idem	Acquiert de plus grandes dimensions et croît plus vite que le précédent; il est moins noueux et préféré pour la menuiserie, mais il demande un sol plus profond, plus frais, une position plus tempérée.
*Érable sycomore	Idem	Idem	Bois d'un tissu serré, susceptible d'un beau poli, employé par les charrons, les ébénistes, les tourneurs et les armuriers.
*Érable plane	Idem	Idem	Bois moiré, grisâtre, employé aux mêmes usages que le précédent.
Frêne élevé	Idem	Idem	Bois assez dur, très-élastique; charronnage et manches d'outils.
Hêtre des bois	Idem	Idem	Moins élastique et moins résistant que le chêne; employé dans la boissellerie et pour pilotis.
*Marronnier d'Inde	Idem	Idem	D'un accroissement prompt, mais d'un bois mou, sans valeur; ne doit être employé que pour les plantations d'agrément.
Micocoulier de Provence	Idem		Bois compacte, liant, d'une souplesse extraordinaire; menuiserie, sculpture, instruments à vent.
Mûrier blanc	Idem		Bois assez dur, pesant, employé comme bois de fente, de tour, de menuiserie et même de charpente.
Noyer commun	Idem	Non recépé	Bois doux, liant, flexible, très-employé par les ébénistes, les carrossiers et les armuriers.
Noyer noir	Idem	Idem	Bois très-fort et très-tenace; n'est pas attaqué par les vers et prend un beau poli.
Orme champêtre	Idem		Ces trois variétés donnent le meilleur des bois indigènes pour le charronnage; l'orme tortillard, beaucoup plus vigoureux, d'un développement plus prompt et d'une plus grande valeur, doit être préféré.
Orme tortillard	Boutures et greffe en écusson sur l'orme commun.		
Orme pédonculé	Semis		
Peuplier blanc	Boutures		Bois blanc, assez léger, liant, peu sujet à la vermoulure, d'une végétation très-rapide, employé par les menuisiers, les layetiers, les sculpteurs, les tourneurs.
Id. argenté	Idem		Accroissement plus rapide et bois de meilleure qualité que le précédent; doit être préféré.
Id. d'Italie	Idem		Bois d'une médiocre qualité; employé pour les couvertures en ardoises et les caisses d'emballage.
*Id. du Canada	Idem		Bois analogue au peuplier blanc.
Id. de Virginie	Idem		Un peu moins vigoureux que le précédent.
*Platane d'Occident	Idem		Bois d'un tissu serré, ayant beaucoup d'analogie avec celui du hêtre, et employé aux mêmes usages.
Robinier, faux acacia	Semis		Bois très-dur, pesant, élastique, pouvant prendre un beau poli, très-recherché des ébénistes, menuisiers et carrossiers.
Tilleul de Hollande	Idem		Bois blanc, assez léger, tendre, liant, peu sujet à la vermoulure, assez employé par les menuisiers, les layetiers, les tourneurs; le tilleul argenté doit être préféré, surtout pour les plantations urbaines, à cause de son feuillage plus ample et de sa végétation un peu plus vigoureuse.
*Id. argenté	Semis et greffe en écusson sur le précédent		
Vernis du Japon	Semis		Bois solide, susceptible d'un [illegible]; il faut éviter de le planter dans le voisinage des habitations, à cause de l'odeur nauséabonde de ses fleurs.

Les espèces marquées de ce signe * sont particulièrement propres aux plantations urbaines.

N° 2

Le tableau suivant indique l'appropriation des mêmes espèces à la nature du sol et au climat :

SOLS argileux compactes ou glaiseux.	SOLS DE CONSISTANCE MOYENNE. — Argilo-calcaires. Argilo-sableux.	SOLS LÉGERS HUMIDES. — Sablo-calcaire argileux. Sablo-argileux. Sablo-graveleux.	SOLS LÉGERS. — Argileux. Sablo-calcaires. Sablo-argileux.	SOLS LÉGERS SECS. — Sableux. Graveleux.	SOLS LÉGERS SECS. — Calcairo-argileux. Calcaires.	TOURBEUX, HUMIDES.
POUR LE CLIMAT DU NORD.						
		Aune commun				Aune commun
	Charme commun	Charme commun				
Chêne rouvre	Chêne rouvre					
Id. pédonculé	Id. pédonculé					
	Erable sycomore	Erable sycomore	Erable sycomore		Erable sycomore	
	Id. plane	Id. plane	Id. plane		Id. plane	
	Frêne élevé	Frêne élevé				Frêne élevé.
Hêtre des bois	Hêtre des bois					
	Marronnier d'Inde	Marronnier d'Inde	Marronnier d'Inde			
Noyer noir	Noyer noir	Noyer noir				
Orme champêtre	Orme champêtre	Orme champêtre	Orme champêtre			
Id. tortillard	Id. tortillard	Id. tortillard	Id. tortillard			
Id. pédonculé	Id. pédonculé	Id. pédonculé	Id. pédonculé			
	Peuplier blanc	Peuplier blanc	Peuplier blanc			Peuplier blanc.
	Id. argenté	Id. argenté	Id. argenté	Peuplier argenté		Id. argenté.
	Id. d'Italie	Id. d'Italie	Id. d'Italie	Id. d'Italie		Id. d'Italie.
	Id. du Canada	Id. du Canada	Id. du Canada			Id. du Canada
	Id. de Virginie	Id. de Virginie	Id. de Virginie			
	Platane d'Occident.	Platane d'Occident				Platane d'Occident.
	Robinier, faux acacia	Robinier, faux acacia.	Robinier, faux acacia	Robinier, faux acacia.		
	Tilleul de Hollande	Tilleul de Hollande	Tilleul de Hollande			
	Id. argenté	Id. argenté	Id. argenté			
	Vernis du Japon	Vernis du Japon	Vernis du Japon	Vernis du Japon	Vernis du Japon	
POUR LE CLIMAT DE LA VIGNE.						
Les mêmes espèces.	*Les mêmes espèces, moins* Hêtre des bois, *plus* Erable rouge, Micocoulier de Prov. Mûrier blanc. Noyer commun.	*Les mêmes espèces, plus* Châtaignier commun. Micocoulier. Mûrier blanc. Noyer commun	*Les mêmes espèces, plus* Micocoulier Mûrier blanc. Noyer commun.	*Les mêmes espèces, plus* Micocoulier de Prov.	*Les mêmes espèces, plus* Micocoulier	*Les mêmes espèces.*

II. CULTURE DES ARBRES EN PÉPINIÈRE.

Pour établir une pépinière, il faut choisir un sol de nature et de qualité, semblables, autant que possible, à celles du sol qui doit recevoir la plantation à demeure; s'il doit y avoir une différence dans la fertilité, il vaut mieux qu'elle soit au profit du sol à planter. Le sol doit être défoncé sur une profondeur de 0 m. 64; un défoncement plus profond, en permettant aux racines de s'enfoncer davantage, rendrait la déplantation plus difficile. Les terres, sur cette profondeur, doivent être bien mélangées entre elles; cette opération doit être faite pendant la belle saison.

Pour former une pépinière, on peut procéder par semis ou par boutures; le tableau nº 1, page 2, indique le genre de reproduction de chaque espèce.

Semis.

Tous les semis faits en pépinière doivent être repiqués; il est important, lorsqu'on fait des approvisionnements, de s'assurer que cette opération a été pratiquée, et que l'on ne s'est pas borné à éclaircir le semis; les arbres non repiqués sont faciles à reconnaître, lors de leur arrachage, par la forme de leurs racines qui ne présentent que deux ou trois grandes ramifications que l'on est obligé de mutiler pendant cette opération.

Lorsqu'on établit une pépinière pour les plantations des routes, au lieu de procéder par semis, il est préférable d'acheter de jeunes plants d'un an et de les repiquer; car le prix de ces plants est peu élevé.

Repiquage.

Le repiquage doit avoir lieu en automne; on supprime l'extrémité des racines, qui présentent une forme pivotante, mais on conserve la plus grande quantité possible de racines. Le repiquage se fait au moyen du plantoir. Après avoir placé le plant dans le trou qui lui est destiné, on enfonce le plantoir obliquement, à une certaine distance, et, en le redressant, on force la terre à remplir le trou et à bien envelopper les racines, ce qui est une condition indispensable. Les plants doivent être placés à 0 m 60 de distance les uns des autres; un rapprochement plus grand, en empêchant l'air et la lumière de circuler, fait périr les petites ramifications qui concourraient à l'accroissement en grosseur de la tige, et la hauteur de celle-ci devient disproportionnée avec sa grosseur: on est alors obligé, lors de la plantation à demeure, de mutiler ces arbres d'une manière fâcheuse et de les étêter.

Quelques essences, telles que le chêne, le hêtre, le châtaignier, exigent, outre le repiquage, une transplantation avant la plantation définitive.

Boutures.

Pour former une bouture, on coupe sur le prolongement d'une branche de l'année une longueur de 0 m 25 à 0 m 30, possédant un bouton à chaque extrémité; les boutures à talon sont préférables; ce sont celles qui sont prises à la naissance de la ramification. La mise en place se fait au moyen du plantoir, en les enfonçant en terre des deux tiers environ de leur longueur. Les boutures doivent être préparées en novembre et décembre et mises en réserve pour être plantées en janvier. On leur donne le même espacement qu'aux plants repiqués.

Entretien des pépinières.

Tous les printemps, il sera fait un labour général de la pépinière, au moyen d'un instrument *à dents*, et jamais *à lames*, afin d'éviter de couper ou mutiler les racines. Trois fois par an environ, lorsque le sol commence à se dessécher après une grande pluie, il sera fait des binages qui ont pour but de s'opposer au dessèchement profond du sol; si ce moyen ne suffisait pas pour s'opposer à la sécheresse, il faudrait employer des couvertures d'ajoncs, etc.

Recépage.

Pour former la tige de certaines espèces indiquées dans le tableau n° 1, il est nécessaire de recéper le plant à environ 0 m 08 du pied, de manière à faire naître, le plus près possible de la racine, plusieurs bourgeons; on choisira le plus vigoureux, qui sera élevé au moyen d'un tuteur; quand la pousse aura atteint une longueur de 0 m 60, on supprimera les bourgeons voisins, et la partie laissée de l'ancienne tige sera affranchie.

Pendant tout le séjour des arbres en pépinière, on se contentera de supprimer quelques bourgeons dans la partie inférieure de la tige, mais on se gardera bien de dépouiller celle-ci de ses ramifications.

Renouvellement de la pépinière.

Il est absolument indispensable, lors du renouvellement des arbres d'une pépinière, de changer l'essence des arbres.

Choix des sujets.

Lorsqu'on aura choisi des arbres pour une plantation, on s'assurera que ces arbres ont subi l'opération du repiquage, et qu'ils ont été placés en pépinière à une distance suffisante les uns des autres; on veillera à ce que la tige soit parfaitement droite, qu'elle présente une écorce bien lisse et qu'on n'y remarque pas de cicatrisations de plaies trop apparentes résultant de la suppression tardive des branches latérales. On prendra les arbres, autant qu'on le pourra, dans une pépinière bien exposée au soleil et au vent.

III. PLANTATIONS A DEMEURE.

Dimensions des arbres.

Presque tous les arbres peuvent être replantés, même après avoir acquis un grand développement; mais, en général, plus les arbres sont jeunes lorsqu'on les plante à demeure, plus leur reprise est facile et plus leur accroissement est ensuite prompt et vigoureux. Toutefois, il faut que les arbres aient assez de force et de rusticité pour supporter l'ardeur du soleil et l'influence du grand air, et pour résister aux nombreux accidents auxquels ils sont exposés. Le tableau suivant indique les dimensions les plus convenables des arbres à planter, suivant leur espèce.

ESPÈCES.	HAUTEUR de la tige	CIRCONFÉRENCE à 1 m. du sol.
Châtaignier	3 m.	0 m. 14 c.
Chêne	id.	id.
Hêtre	id.	id.
Erable	4 m.	0 m. 16 c.
Frêne	id.	id.
Micocoulier	id.	id.
Mûrier	id.	id.
Noyer	id.	id.
Orme	id.	id.
Platane	id.	id.
Robinier	id.	id.
Vernis du Japon	id.	id.
Aune	5 m.	0 m. 18 c.
Marronnier	id.	id.
Peuplier	id.	id.
Tilleul	id.	id.

Disposition des plantations à demeure.

Les distances auxquelles les arbres doivent être plantés varient avec leur essence et le nombre de lignes dont se compose la plantation ; ces distances sont indiquées dans le tableau suivant :

ESPÈCES D'ARBRES.	SUR 1 LIGNE.	SUR 2 LIGNES.	SUR 3 LIGNES.	SUR 4 LIGNES et plus.
Chêne	8 m. 00 c.	10 m. 00 c.	12 m. 00 c.	13 m. 32 c.
Orme	id.	id.	id.	id.
Châtaignier commun	id.	id.	id.	id.
Hêtre	id.	id.	id.	id.
Platane	id.	id.	id.	id.
Tilleul	7 m. 60 c.	8 m. 50 c.	10 m. 50 c.	11 m. 66 c.
Vernis du Japon	id.	id.	id.	id.
Noyer commun	id.	id.	id.	id.
Peuplier de Virginie	6 m. 00 c.	7 m. 50 c.	9 m. 00 c.	10 m. 00 c.
Id. argenté	id.	id.	id.	id.
Id. blanc de Hollande	id.	id.	id.	id.
Id. du Canada	id.	id.	id.	id.
Mûrier blanc	id.	id.	id.	id.
Erable sycomore	id.	id.	id.	id.
Id. plane	id.	id.	id.	id.
Frêne	id.	id.	id.	id.
Noyer noir	id.	id.	id.	id.
Robinier, faux acacia	5 m. 00 c.	6 m. 25 c.	7 m. 50 c.	8 m. 32 c.
Micocoulier	id.	id.	id.	id.
Charme commun	id.	id.	id.	id.
Aune commun	id.	id.	id.	id.
Peuplier d'Italie	[illegible]	[illegible]	6 m. 00 c.	6 m. 66 c.

Les distances portées dans ce tableau sont celles qui sont nécessaires et suffisantes pour que les arbres prennent tout leur développement et donnent le plus grand produit possible ; pour les plantations urbaines où l'on a en vue d'obtenir un ombrage épais, ces distances peuvent être notablement diminuées ; pour les plantations des routes au contraire, il peut y avoir avantage à adopter un espacement uniforme de 10 mètres pour tous les arbres, quel que soit le nombre des lignes et quelle que soit leur essence, à l'exception du peuplier d'Italie qui peut être planté à 5 mètres. [1]

Quant aux plantations en massif, la disposition la plus convenable est la disposition en quinconce qui, sur la même surface et avec le même espacement, permet de planter un plus grand nombre d'arbres et de couvrir mieux par leur ombrage la surface du sol.

Le mélange d'espèces alternées, à croissance lente et à croissance rapide, dans une même rangée, ne paraît pas donner les résultats qu'on en espérait ; les arbres à croissance rapide s'emparent, aux dépens de ceux à croissance plus lente, du sol et de la lumière ; on est obligé de mutiler les arbres de cette première espèce pour arrêter leur végétation, et leurs racines n'en continuent pas moins à nuire au développement des arbres qui doivent être conservés, de sorte qu'en définitive on n'obtient de ce mode de plantation que des arbres chétifs et une avenue dont la formation convenable se fait attendre bien plus longtemps que si on l'eût composée d'une seule espèce d'arbres.

Préparation du sol.

Deux procédés peuvent être employés pour préparer le sol à recevoir une plantation ; lorsque les arbres doivent être plantés à une assez grande distance les uns des autres, il est plus avantageux de ne faire qu'un trou pour chaque arbre ; lorsqu'au contraire, les arbres doivent être espacés de 4 mètres au plus il est préférable d'ouvrir une tranchée continue.

[1] L'instruction ministérielle du 17 juin 1851, relative aux plantations [illegible] pour les plantations des routes.

Trous

La forme des trous n'a pas une grande importance ; cependant on pense qu'il serait préférable de les faire circulaires plutôt que carrés. Les dimensions horizontales dépendent de la nature du sol et doivent être d'autant plus grandes que celui-ci est de plus mauvaise qualité ; les dimensions extrêmes seront : au moins deux mètres pour les terrains les plus médiocres, — et un mètre pour les terrains fertiles.

La profondeur à donner aux trous doit être d'autant plus grande que le sol est plus exposé à la sécheresse ; cette profondeur sera de 0m 80 dans les sols les plus secs, et de 0m 50 seulement dans les terres les plus humides.

Il serait très-avantageux d'ouvrir les trous plusieurs mois avant la plantation, et on doit le faire chaque fois qu'il n'en peut résulter ni obstacle ni danger pour la circulation.

Pour faire les trous, après avoir tracé leur emplacement aussi exactement que possible, on exécutera le déblai en ayant soin, si le sol n'a pas encore été profondément remué ou ne l'a pas été depuis longtemps, de séparer les diverses couches de nature différente que l'on rencontrera ; on lèvera d'abord la couche superficielle sur une profondeur de 0m 12 environ, et on la mettra à part ; on enlèvera ensuite la couche inférieure sur une épaisseur de 0m 20, et on la déposera également à part ; enfin on achèvera l'enlèvement de la terre jusqu'à la profondeur fixée, et on piochera le fond de l'excavation. Si le sol n'est pas de très-bonne qualité, on fera déposer sur le bord de chaque trou une certaine quantité de matières destinées à l'amender, telles que mortiers, plâtras, sables graveleux ou marnes délitées si le sol est très-compacte, très-argileux et retenant une humidité surabondante, — ou des terres substantielles et argileuses, si le sol est trop léger et exposé à la sécheresse. Enfin on déposera également près du trou une certaine quantité de boues de mares ou de fossés, de gazons décomposés ou autres engrais. Les trous et les terres ainsi disposées sont abandonnés jusqu'au moment de la plantation.

Tranchées continues

La largeur et la profondeur des tranchées sont déterminées par les circonstances indiquées pour les dimensions à donner aux trous. Si le sol n'est pas de très-bonne qualité, on répand à la surface les terres argileuses ou autres destinées à l'améliorer, en en formant une couche de 0m 15 d'épaisseur environ sur toute la surface de la bande de terrain que doit occuper la tranchée ; on ouvre ensuite à l'une des extrémités une tranchée de 1m 50 de longueur, profonde de 0m 45 et comprenant la largeur de la bande. La terre qu'on en extrait est portée à l'extrêmité opposée de la bande. On enlève ensuite au fond de la tranchée une couche d'une épaisseur égale à celle que l'on a répandue à la surface, soit environ 0m 15. Cette terre est rejetée sur l'un des côtés de la tranchée pour être enlevée après l'opération. On entame alors, devant soi, une première tranche de terre large seulement de 0m 30 et profonde aussi de 0m 45 ; on fait tomber cette terre dans la tranchée, on mélange bien les diverses couches, puis avec la pelle, l'ouvrier la rejette derrière lui, et de façon qu'elle n'occupe pas plus d'espace qu'avant son déplacement. Il lève ensuite au-dessous de la tranche qu'il vient d'enlever une nouvelle couche de 0m 15 de profondeur qu'il rejette au dehors. Il entame alors une nouvelle tranche qu'il fera passer derrière lui, à l'exception toujours des 15 centimètres dans le fond, qui doivent être rejetés.

L'ouvrier avancera donc ainsi jusqu'à l'extrêmité de la bande, où il trouvera pour combler l'excavation la terre retirée du commencement de la tranchée et qui a dû être transportée en ce point.

Époque favorable pour planter.

C'est pendant le repos de la végétation qu'on doit faire les plantations, c'est-à-dire depuis le moment de la chute des feuilles, à l'automne, jusqu'au moment où les boutons commencent à faire leur évolution au printemps. Toutefois, il y a dans ce laps de temps une époque que l'on devra préférer aux autres, suivant la nature du sol.

Dans les terrains légers ou de consistance moyenne, exposés à la sécheresse, on devra planter à l'automne.

Au contraire, dans les sols compactes, chargés pendant l'hiver d'une humidité surabondante, il y a plus d'avantage à ne planter qu'au printemps.

Déplantation dans la pépinière.

C'est une chose vraiment déplorable que le peu de soin apporté généralement à la déplantation des arbres. Cette opération, telle qu'elle est faite par la plupart des pépiniéristes, mérite bien plutôt le nom d'*arrachage*.

Il faut d'abord choisir un moment convenable pour déplanter les arbres dans les pépinières. Il faut se garder de faire cette opération sous l'action des vents froids et desséchants, car le chevelu des racines en serait bientôt désorganisé. On devra, à plus forte raison, ne pas déplanter les arbres lorsque la température est au-dessous de zéro. Il faut enfin, si l'on fait déplanter à la fin de l'hiver, que la couche inférieure du sol soit parfaitement dégelée, autrement l'extrémité des racines ne peut être détachée et se brise, au grand détriment de l'arbre.

Toutes les fois qu'on croira utile de planter au printemps, il sera convenable de faire déplanter les arbres avant l'hiver, et de les faire placer en *jauge* ou *tranchée*, soit dans la pépinière, soit dans le voisinage du terrain à planter.

Le moment favorable pour la déplantation étant arrivé, on y procède de la manière suivante : on ouvre à l'une des extrémités du carré d'arbres une tranchée d'une profondeur telle qu'elle pénètre un peu au-dessous du point où sont arrivées les racines; puis, en minant le terrain de proche en proche, on en enlève les arbres avec la plus grande partie de leurs racines. Ce mode d'opérer est bien préférable à l'usage où l'on est de ne déplanter que les arbres qui présentent une grosseur suffisante pour pouvoir être plantés à demeure. Mais pour que le procédé que nous recommandons ne présente pas d'inconvénients, il conviendra d'attendre que les deux tiers au moins des arbres du carré soient propres à être plantés à demeure, autrement les frais nécessités par la replantation de ceux qui sont trop faibles deviendraient trop coûteux. Mais si ces derniers ne dépassent pas un tiers du nombre total, cet inconvénient disparaît; car il eût fallu, dans tous les cas, les replanter, sous peine de leur voir occuper sans profit une très-grande surface. On les remet donc en pépinière pendant deux ou trois ans.

Tous les arbres souffrent beaucoup de la suppression de leurs racines ; mais les espèces à bois dur, telles que le chêne, le hêtre, le châtaignier, le platane, sont celles qui supportent le moins facilement cette mutilation. On devra donc, lors de la déplantation, conserver, quoi qu'il en coûte, toutes les racines de ces arbres, sous peine de ne pas les voir reprendre.

Si les arbres doivent voyager avant la plantation, on prendra les plus grandes précautions pour que les racines ne soient ni desséchées ni gelées en route.

Préparation ou habillage des arbres.

Cette opération, exécutée au moment de la mise en terre des arbres, s'applique aux racines et à la tige.

Malgré tous les soins possibles, il y a toujours un certain nombre de racines qui, lors de la déplantation, sont rompues ou desséchées par l'impression de l'air. La préparation, dans ce cas, consiste à enlever, avec un instrument bien tranchant, l'extrémité des racines rompues ou desséchées, et à couper celles qui ont été blessées, immédiatement au-dessus du point où la plaie existe. Ces plaies se cicatrisent et donnent naissance, sur leur périmètre et au-dessus d'elles, à de nombreuses racines qui viennent bientôt remplacer celles qu'on a tronquées. Si au contraire on abandonnait à elles-mêmes les parties mutilées ou desséchées, les plaies deviendraient chancreuses, les racines resteraient dans un état maladif et ne seraient d'aucun secours pour l'arbre. *Telles sont les seules suppressions à opérer sur les racines*. On voit qu'il y a loin de cet habillage aux retranchements considérables qu'on opère encore trop souvent sur les racines au moment de la plantation.

Si l'on supprime pour quelque temps une partie des racines, il devient indispensable d'enlever également une certaine portion de la tige, afin de maintenir un équilibre parfait entre l'étendue respective de ces deux organes. Mais, pour que cette suppression d'une partie de la tige ne devienne pas nuisible, il faut qu'elle soit faite avec non moins de circonspection que celle des racines, et qu'elle soit toujours avec elle dans un rapport parfait.

En général, lorsque les arbres auront été déplantes avec soin, les amputations devront uniquement porter sur les rameaux âgés d'un an, ou tout au plus sur les ramifications de deux ans.

On ne saurait trop s'élever contre l'usage barbare qui consiste à couper entièrement la tête des arbres en les plantant, ce qui les fait ressembler, après la plantation, à autant de jalons. Cette pratique est on ne peut plus vicieuse, et cela pour deux raisons : la première, c'est que l'on prive ainsi l'arbre de tous les boutons qui auraient donné naissance aux bourgeons et aux feuilles indispensables pour développer les filets ligneux et corticaux qui forment les nouvelles racines ; la seconde raison, c'est que la plaie résultant de cette amputation reste longtemps exposée à l'influence de l'air avant d'être cicatrisée, elle se carie souvent et détermine dans le tronc un vice qui en diminue la valeur et abrège beaucoup la durée de l'arbre.

Il n'y a que deux circonstances dans lesquelles cette opération puisse être tolérée ; c'est : 1° lorsque les racines ont été tellement endommagées par la déplantation que le retranchement des ramifications ne suffit plus pour établir l'équilibre entre l'étendue de ces racines et celle de la tige ; 2° lorsque les arbres, ayant été trop rapprochés dans la pépinière, se sont beaucoup plus développés en hauteur qu'en grosseur, et sont exposés à être rompus par les vents. Il y a toutefois quelques espèces dont la tête devra, malgré ces deux circonstances, être conservée ; ce sont particulièrement les chênes, les hêtres, les marronniers, les noyers, les frênes.

Mise en terre des arbres.

Nous avons à examiner ici l'orientation des arbres, la profondeur à laquelle les racines doivent être enterrées, la manière dont les différentes couches de terre enlevées des trous doivent y être replacées.

L'orientation des jeunes plantations n'est pas d'une nécessité rigoureuse, parce que la plupart des arbres, protégés les uns par les autres au milieu du carré où ils ont été élevés dans la pépinière, ont échappé à l'action des diverses expositions. Lorsque cependant la tige de quelques-uns d'entre eux, comme ceux qui étaient situés sur le bord de ces carrés, aura été soumise à l'action du soleil, il sera bon, lors de la plantation, de placer cette tige dans la même position. On évitera ainsi que le côté de cette tige, qui était tournée vers le nord, et dont l'écorce est beaucoup plus tendre et herbacée, ne soit tout-à-coup frappée par les rayons solaires, ce qui nuit à l'accroissement de l'arbre en desséchant l'écorce et en lui faisant perdre son élasticité. Le côté de la tige, qui était exposé au soleil dans la pépinière, se reconnaît facilement à une teinte plus grise de l'épiderme.

En général, les racines doivent être enterrées à une profondeur telle que, d'une part, elles puissent recevoir l'influence de l'air, et que, de l'autre, elles ne soient pas exposées à la sécheresse. Pour cela le collet de la racine devra être placé de manière à ce que, la terre remuée pour la plantation étant affaissée, il se trouve à 0 m 06 au-dessous de la surface du terrain environnant. Néanmoins, ce degré de profondeur devra beaucoup varier en raison de la nature du sol. Celui que nous donnons est pour un terrain de consistance moyenne ; mais dans un sol très-léger, très-perméable à l'air, et par conséquent très-exposé à la sécheresse, cette profondeur devra être portée à 0 m 08. On la diminuera de moitié, au contraire, dans les terrains compactes, humides, qui sont peu perméables à l'air et dans lesquels les racines n'ont pas à redouter la sécheresse.

Le sol ayant été préparé comme nous l'avons indiqué, voici comment on procède à la mise en terre des arbres. Si la plantation est faite dans des trous, on commence d'abord par ameublir le mieux possible le fond de l'excavation jusqu'à la profondeur de 0 m 20 environ. On pulvérise ensuite la couche de terre qu'on a enlevée la première, lors de la confection du trou ; on la mélange avec une partie des terres rapportées, si le sol exigeait cette amélioration, puis avec une partie des engrais. Ce mélange opéré, on en place au fond du trou une quantité suffisante pour que les racines de l'arbre y étant posées, le collet se trouve à une hauteur convenable par rapport au niveau du sol environnant. L'arbre étant ainsi maintenu, on jette sur les racines le restant du mélange dont nous venons de parler, et de façon à ce qu'elles en soient complètement enveloppées. Ceci fait, on imprime à l'arbre un mouvement de trépidation de bas en haut, afin que la terre pénètre bien dans tous les interstices formés par les racines. On ameublit alors les terres provenant de la seconde couche extraite du sol, on la mélange aussi avec le restant des terres rapportées et de l'engrais, puis on la jette dans le trou. Lorsqu'elle y est également étendue, on tasse cette terre avec les pieds en procédant de la circonférence au centre. On finit enfin de combler l'excavation en y jetant la terre la moins fertile, celle extraite en dernier lieu, et l'on tasse de nouveau. Ce qui reste de cette terre est enlevé. Les trous doivent être comblés à environ 0 m 14 au-dessus du niveau du sol, afin que la terre en s'affaissant ne produise pas une dépression autour de l'arbre. Dans les terrains exposés à la sécheresse, il sera bon de creuser un peu cette saillie en forme de cuvette, pour que l'eau des pluies puisse mieux profiter aux racines.

IV. ENTRETIEN DES PLANTATIONS.

Ce n'est pas assez que d'avoir rempli les diverses conditions que nous avons indiquées pour opérer les plantations des jeunes arbres; il faut encore, pour assurer le succès de ces plantations, leur donner des soins qui ont pour but de les défendre pendant les premières années contre l'action de la sécheresse du sol, contre l'ardeur du soleil, enfin contre les accidents fréquents auxquels les expose la place qu'ils occupent.

Operations contre la sécheresse du sol.

Les arrosements sont un puissant moyen de combattre la dessiccation du sol; mais ce n'est guère que pour les plantations urbaines qu'on pourra en faire usage. Pour rendre cet arrosement plus efficace, on le pratiquera, autant que possible, après quatre heures de l'après-midi, afin que l'humidité qu'il produit, n'étant pas promptement vaporisée par l'ardeur du soleil, tourne plus complètement au profit des racines de l'arbre pendant la nuit suivante. Pour faire que le sol absorbe plus promptement l'eau répandue au pied de l'arbre, on pourra y pratiquer, avant l'arrosement, au moyen d'une barre de fer ronde et pointue, trois ouvertures placées triangulairement à 0m 40 de la tige. Ces ouvertures doivent être refermées après l'absorption de l'eau. S'il était possible de mélanger à cette eau une certaine quantité de matières fertilisantes, il en résulterait un engrais liquide d'une grande puissance pour activer la végétation des arbres. Ces arrosements répétés tous les dix jours, lors des grandes sécheresses de l'été, sont pratiqués seulement pendant les deux premières années qui suivent la plantation. Passé ce temps, on défend les jeunes arbres contre la sécheresse au moyen des binages.

Le binage consiste à remuer et à pulvériser le sol à la profondeur de 0m 05 environ aussitôt que sa surface commence à se dessécher et à se crevasser.

Le premier binage, profond de 0m 10 environ, est pratiqué au printemps. C'est plutôt une sorte de labour destiné à ouvrir le sol aux influences atmosphériques, aussi doit-on en user pour les plantations soumises aux arrosements. Les autres binages, profonds seulement de 0m 05, sont répétés deux ou trois fois dans le courant de l'été, selon que la sécheresse est plus ou moins intense, et toujours lorsque la surface du sol commence à se dessécher après une ondée de pluie. Ces binages doivent être pratiqués sur un rayon de 0m 75 à 1 mètre autour de la tige des arbres. Ils sont utiles seulement pendant les quatre premières années qui suivent la plantation.

Pour les plantations des routes faites sur un sol léger ou de consistance moyenne, il vaudra mieux avoir recours aux couvertures. Celles-ci, occupant sur le sol la même étendue que les binages, pourront se composer de tiges d'ajonc, de fougères, de bruyères, etc. On pourra même employer avec avantage un lit de cailloux de 0m 08 à 0m 10 de diamètre.

Ces couvertures agiront de la même façon que les binages, elles seront un obstacle à l'action des rayons solaires sur le sol. Le meilleur mode de couverture est incontestablement l'emploi simultané des tiges d'ajonc et d'un lit de cailloux. Les tiges d'ajonc, tout en retenant l'humidité du sol, se décomposent et forment un excellent terreau dont profitent les racines. Lorsqu'on place le lit de cailloux au pied de chaque arbre, on doit entourer la base de la tige d'une plaque de gazon. Sans cette précaution, les cailloux pourraient blesser l'écorce de la tige lorsque celle-ci est ébranlée par les vents. Ces couvertures, placées immédiatement après la plantation, sont maintenues pendant quatre ans.

Opérations contre l'ardeur du soleil.

Les jeunes arbres élevés dans la pépinière s'abritent mutuellement contre l'ardeur du soleil et l'action des vents desséchants Lorsqu'on les plante à demeure, ils sont tout-à-coup isolés et exposés à l'influence des rayons solaires et d'un air vif. Il en résulte alors que leur écorce tendre et herbacée se durcit rapidement, perd son élasticité, ne se prête plus à l'accroissement de la tige en diamètre et gêne la circulation de la sève. Pour éviter cet accident et pour diminuer aussi sur sa tige les effets de l'évaporation jusqu'au moment où l'arbre sera bien enraciné, on couvrira toute la surface de la tige, immédiatement après la plantation, d'une bouillie de chaux vive, dans laquelle on ajoutera une certaine quantité de terre glaise destinée à faire résister plus longtemps cet enduit à l'action des pluies. Cette couche, qui pourra persister pendant deux années environ, préservera la jeune écorce contre l'influence desséchante de l'air, et sa couleur blanche empêchera la tige de s'échauffer autant au soleil.

Opérations contre les accidents.

Les arbres qui forment les plantations d'alignement dans les villes ou sur les routes sont exposés à des accidents, tels que la mutilation ou l'ébranlement de leur tige, et qui peuvent, sinon les faire périr, du moins les rendre souffrants et retarder leur reprise.

Pour empêcher leur tige d'être mutilée, il est nécessaire de pratiquer *l'épinage*, c'est-à-dire de l'envelopper de jeunes branches bien ramifiées, appartenant à une espèce de bois dur et épineux. Les arbrisseaux les plus convenables pour cela sont l'aubépine et le prunellier, qui croissent spontanément dans toutes nos forêts. Ces branchages, placés depuis la base de la tige jusqu'à 1m 70 du sol environ, sont fixés au moyen de trois liens en fil de fer. On entretient cet épinage pendant trois ans, et l'on remplace les ligatures chaque année, afin qu'elles ne gênent pas le grossissement de la tige.

Lorsque pendant les premiers temps qui suivent la plantation, les racines commencent à développer de nouveaux prolongements, il importe beaucoup que les tiges ne soient pas trop ébranlées; car ces mouvements ayant pour effet de déplacer les racines, il en résulte souvent la rupture des jeunes radicelles qui commencent à s'allonger, et par conséquent un retard considérable dans la reprise de ces jeunes arbres. Pour prévenir ces ébranlements, on enfonce, à 0m 30 environ du pied de l'arbre pour ne pas blesser ses racines, et dans une direction oblique, un tuteur de 0m 18 de circonférence environ, dont le sommet taillé en biseau vient s'appuyer contre la tige de l'arbre, à 1m 50 environ du sol. On place entre la tige et le tuteur, à son point de contact avec celle-ci, une poignée de paille, puis on réunit à ce point la tige et le tuteur à l'aide d'une ligature en fil de fer, au-dessous de laquelle on place aussi une poignée de paille du côté opposé au tuteur. Ce dernier doit être placé parallèlement à la ligne d'arbres, afin de ne pas gêner la circulation. Ces tuteurs sont entretenus seulement pendant les deux premières années.

Les appuis dont nous venons de parler sont insuffisants pour garantir convenablement les arbres placés sur les points les plus fréquentés; ceux qui, par exemple, sont plantés aux angles des routes et des boulevards. Il est alors nécessaire d'entourer ces arbres d'une sorte d'armure. La plus convenable est celle-ci : elle se compose de deux pieux, de 0m 07 d'équarrissage, long de 1m 80, et un peu arqués à leur base, de façon à ce qu'ils soient assez rapprochés de la tige de l'arbre pour le garantir, quoique enfoncés à 0 m 30 au moins du pied de l'arbre pour ne pas blesser ses racines. On les enfonce de chaque côté de la tige à 0 m 40 de profondeur environ, en les inclinant un peu l'un vers l'autre, puis on les réunit au moyen de six traverses. Il est utile d'entourer la tige d'une poignée de paille, solidement fixée au point où elle sort de cette armure, afin que, balancée par le vent, elle ne soit pas meurtrie vers ce point. Cette armure, faite en bon bois, peut durer pendant sept à huit ans. Au bout de ce laps de temps, les arbres auront acquis assez de force pour résister convenablement aux mutilations dont ils avaient besoin d'être préservés jusque-là.

Remplacements de plantations.

Lorsque les remplacements seront exécutés, un, deux ou trois ans après la plantation, on videra entièrement les trous en mettant à part chacune des couches de terre superposées lors de la plantation précédente, puis on les replacera dans le même ordre au moment de la mise en terre des arbres. Si le remplacement est pratiqué six ou huit ans après la plantation, on pourra mélanger sans inconvénient toute la terre extraite des trous, parce que celle qu'on avait placée à la surface et qui était de médiocre qualité, s'est suffisamment améliorée au contact de l'air. Mais si l'arbre que l'on remplace a végété pendant quinze ou vingt ans, il deviendra nécessaire d'enlever la terre qui avoisine les racines, et de la remplacer par la terre la plus fertile possible.

Lorsqu'il s'agira d'avenues ou de boulevards, on exécutera le remplacement, quelle que soit d'ailleurs l'espèce d'arbres qui forme la plantation, avec le *peuplier du Canada*, ou mieux encore avec le *peuplier argenté*.

Pour les plantations en massif ou futaies, âgées de douze à trente ans, on opèrera de la même façon, mais avec moins de chances de succès, parce que les circonstances environnantes seront encore plus défavorables. On tâchera cependant de les amoindrir en élaguant assez rigoureusement les arbres qui entourent ceux que l'on replante. Lorsque enfin des vides se manifesteront dans des massifs âgés de plus de trente ans, et dont les branches et le feuillage couvriront le sol d'une ombre épaisse, il faudra renoncer à y faire des remplacements.

V. ÉLAGAGE.

But de l'élagage

Pour les plantations des routes qui doivent fournir des bois de construction, il faut que les arbres offrent un tronc à la fois le plus long, le plus gros possible, et surtout dépourvu de ces nœuds volumineux, souvent cariés, qui diminuent singulièrement la valeur du bois. Il faut en outre que ces arbres ne nuisent pas, par l'étendue de leurs branches, soit à l'entretien ou à la circulation de la route, soit aux propriétés riveraines. Pour les arbres plantés dans l'intérieur des villes, on ne doit pas se préoccuper des dimensions du tronc, mais il convient de leur imposer une forme telle que, tout en remplissant les conditions d'ornementation, qui sont le but principal de ces plantations, les arbres nuisent aussi le moins possible à la circulation et aux propriétés voisines.

Epoque du premier élagage.

C'est assurément une pratique vicieuse que d'attendre trop longtemps pour appliquer aux jeunes arbres le premier élagage; car c'est pendant les premières années qui suivent leur reprise que leur développement est le plus rapide, et qu'on doit agir avec le plus de célérité pour leur imposer une forme convenable. En retardant ce premier élagage, on est forcé de supprimer à la fois un grand nombre de branches, ce qui est toujours fâcheux; et beaucoup de ces branches ont acquis un diamètre tel que leur suppression laisse sur la tige des plaies considérables qui enlèvent au tronc de l'arbre toute sa valeur, comme bois de service.

Il n'y a pas moins d'inconvénients à pratiquer trop tôt ce premier élagage. En effet, il importe de stimuler, par tous les moyens possibles, le développement de nouvelles racines qui seules assureront la reprise de l'arbre et le feront végéter vigoureusement. Or, ce sont les feuilles qui sont les organes générateurs des racines. Il faut donc faire en sorte que la tige en porte la plus grande quantité possible, et cela en y conservant tous les rameaux qu'on n'a pas dû supprimer lors de la plantation, pour rétablir l'équilibre entre l'étendue des racines et celles de la tige.

Il résulte de ce qui précède que le premier élagage ne devra être appliqué aux jeunes plantations qu'après leur reprise complète, c'est-à-dire de deux à cinq ans après cette plantation, suivant que les arbres pousseront plus ou moins vigoureusement.

Saison la plus favorable pour l'élagage.

L'élagage, en supprimant un grand nombre de rameaux et de boutons, détermine un trouble considérable dans la circulation des fluides de l'arbre, et par suite dans l'ensemble de la végétation. Pour que ce désordre soit moins préjudiciable, il importe de choisir, pour élaguer, le moment où la végétation est suspendue, c'est-à-dire depuis la fin d'octobre jusqu'au milieu de mars. On devra préférer la fin de l'hiver, parce qu'alors la végétation ayant lieu peu de temps après cette opération, les plaies qui en résultent se cicatrisent presque immédiatement, et sont ainsi exposées moins longtemps à l'influence désorganisatrice de l'air.

Hauteur jusqu'à laquelle on doit élaguer les arbres.

On doit distinguer ici les arbres des routes de ceux qui forment les plantations urbaines. Pour les premiers, qui sont avant tout destinés à la production du meilleur bois possible, on doit s'efforcer de faire prendre au tronc le plus grand développement en diamètre et en hauteur. Pour cela, l'expérience a démontré que la tête, c'est-à-dire l'étendue de la tige pourvue de branches, doit former la moitié environ de la hauteur totale de l'arbre.

Quant aux arbres des plantations urbaines, comme on n'a nullement à se préoccuper de la qualité du bois, qui doit être complètement sacrifiée à la question d'ornement et de décoration, on doit, pour qu'ils remplissent mieux cette destination spéciale, les laisser garnis de branches depuis le sommet jusqu'à 2 m 50 du sol environ. Cette lacune entre le sol et la tête de l'arbre a pour but de faciliter la circulation.

Choix des branches à supprimer.

Ce qui précède semble indiquer suffisamment les branches qui doivent être supprimées. Ce sont, en effet, pour les plantations des routes, toutes celles qui sont situées au-dessous de la moitié de la hauteur totale de l'arbre, et, pour les plantations urbaines, toutes les branches naissant sur la tige à moins de 2 m 50 d'élévation. Mais l'élagage doit porter aussi sur les ramifications suivantes, quelle que soit leur position sur la tige :

En ce qui concerne les plantations des routes,

1o Sur celles qui, plus favorisées que leurs voisines, prennent un accroissement disproportionné. — Si l'on attendait pour les couper qu'elles fussent comprises dans l'étage des branches qui doit être enlevé, elles déformeraient la tige en contre-balançant l'action absorbante du rameau terminal ou flèche; d'un autre côté, la plaie qui résulterait de leur suppression tardive serait plus étendue et se cicatriserait plus lentement. Enfin, les couches centrales de leur corps ligneux venant à passer à l'état de couches inertes ou bois parfait, et se trouvant alors en communication avec le bois parfait du tronc, il deviendrait très-difficile d'empêcher cette partie, que l'amputation aurait mise à nu, de se décarboniser sous l'influence de l'air, de se carier ensuite, de communiquer cette altération au centre du tronc, et de lui enlever ainsi tout son prix.

2o Sur les branches faibles ou de moyenne grosseur qui naissent plusieurs au même point.—Dans ce cas, on supprime l'une des deux branches; autrement elles formeraient un large empâtement qui donnerait lieu à une plaie étendue lorsque ces ramifications, finissant par se trouver au-dessous du point où l'on doit conserver des branches sur la tige, seraient enlevées.

3o Sur les ramifications qui, naissant à la même hauteur autour de la tige, y forment une sorte de couronne. — Ici, il convient de couper quelques-unes de ces branches en laissant un espace égal entre celles qu'on conserve. Si elles étaient laissées intactes, elles nuiraient au libre passage de la sève au-delà de ce point, et gêneraient ainsi l'élongation de la tige. Il en résulterait d'ailleurs des plaies multipliées et trop rapprochées l'une de l'autre lorsque viendrait le moment de les supprimer toutes.

4° Sur le rameau, situé immédiatement à côté du rameau terminal de la tige, et lorsqu'il devient presque aussi vigoureux que ce dernier. — S'il n'était pas supprimé, il difformerait la tige en la faisant se diviser. On retranche les trois quarts de sa longueur, et l'on attache sur le chicot conservé le rameau terminal qu'on tâche de ramener dans une position bien verticale. Ce chicot est entièrement supprimé lors de l'élagage suivant.

5° Enfin, sur certaines branches dont la suppression importe au redressement de la tige de l'arbre dont le centre de gravité a été dérangé par la violence des vents ou toute autre cause. — L'enlèvement de certaines ramifications est, en effet, un puissant moyen de ramener la tige des arbres dans une position verticale. A cet effet, on dégarnit beaucoup le côté de la tête qui est incliné, et on laisse l'autre presque intact. Pour certaines lignes d'arbres qui présentent le flanc à des vents fréquents d'une grande violence, il sera bon de prévenir l'inclinaison des arbres, en commençant dès leur jeune âge à charger plus leur tête du côté du vent que du côté opposé.

Quant aux plantations urbaines, les seules branches à supprimer dans la tête de l'arbre sont celles qui peuvent nuire, par leur vigueur trop grande, au développement du rameau terminal. On raccourcit également celles qui deviennent beaucoup plus vigoureuses que les ramifications voisines. Toutes les autres sont seulement tondues vers leur extrémité, afin de donner à la tête de l'arbre la forme qui convient d'après sa destination.

Manière d'opérer les suppressions

On ne doit supprimer entièrement une branche sur la tige d'un arbre qu'autant que ses couches ligneuses centrales ne sont pas encore passées à l'état de bois parfait. Si, par négligence ou toute autre cause, on a laissé acquérir à une branche un âge tel que plusieurs de ses couches ligneuses soient ainsi passées à l'état de bois parfait, on devra se contenter de diminuer sa vigueur, en retranchant la moitié environ de sa longueur, et cela immédiatement au-dessus d'une petite ramification.

Lorsqu'une branche n'offrira pas encore de couches ligneuses à l'état de bois parfait, mais que, plus favorisée que les autres, elle aura cependant acquis un diamètre trop considérable proportionnellement à celui de la tige, c'est-à-dire égalant le quart environ de celui de la tige, il faudra ne la supprimer qu'en deux fois. On en retranchera d'abord les deux tiers, en ayant soin de pratiquer l'amputation immédiatement au-dessus d'une petite ramification. Lors de l'élagage suivant on retranche le reste. En opérant ainsi on diminue l'étendue proportionnelle de la plaie, qui est alors plus promptement recouverte; car, après la première amputation, cette branche cesse presque entièrement tout accroissement en diamètre, et comme le tronc continue de grossir, il s'en suit que la plaie produite par la suppression complète est moins étendue, relativement au diamètre de la tige, que si on eût enlevé cette branche en une seule fois.

Si l'on coupe une branche contre la tige, que cette ramification ait déjà été raccourcie ou non, on doit faire l'amputation de façon que, autant que possible, le diamètre de la plaie ne soit pas plus grand que celui de la base de cette branche.

Afin de remplir la condition que nous venons de poser, voici comment on devra opérer : si la branche à supprimer forme avec la tige un angle droit ou peu aigu, on fera la section tout près de celle-ci sans l'endommager, et de façon à ce qu'elle soit perpendiculaire à l'axe de la branche. Si la ramification forme un angle très-aigu avec la tige, l'aire de la coupe ne sera plus perpendiculaire à la direction de cette branche, elle devra lui être un peu oblique. La plaie sera elliptique au lieu d'être ronde, et, par conséquent, un peu plus grande que le diamètre de la branche; mais aussi la surface de cette plaie ainsi inclinée permet l'écoulement rapide des eaux, ce qui n'aurait pas lieu si la coupe était faite perpendiculairement à l'axe de la branche.

Les branches à supprimer, quelle que soit leur grosseur, doivent être coupées de manière à ce qu'en se détachant elles n'entraînent pas une partie de l'écorce du tronc, au-dessous de leur point d'insertion. Ces déchirements se cicatrisent difficilement et sont très-préjudiciables aux arbres. Pour les éviter, on doit faire, au-dessous de la branche à couper, une entaille qui comprenne le quart de son diamètre. On pratique ensuite, à la partie supérieure, une entaille correspondante, et la branche se détache sans accident. Cela fait, on doit rendre la plaie le plus nette possible; car les aspérités qu'on y laisserait retiendraient l'humidité et hâteraient la décomposition du bois.

Engluement des plaies.

L'un des plus grands inconvénients de l'élagage est de produire sur la tige des arbres des plaies plus ou moins étendues qui, exposant le corps ligneux à l'influence de l'air et de l'humidité, déterminent souvent sa décomposition. Il faut recouvrir ces plaies d'un engluement assez solide pour empêcher l'action de l'air et de l'humidité sur toute la surface ligneuse mise à nu, et maintenir cet engluement jusqu'à ce que cette plaie soit complètement cicatrisée. Ce soin devra être pris pour toutes les plaies offrant plus de 0m 05 de diamètre. On emploiera à cet effet le mastic suivant :

Pour 100 parties en poids.

Poix noire	28
Ocre jaune	14
Poix de Bourgogne	28
Cire jaune	16
Suif	14
Total	100

Ce mélange doit être employé assez chaud pour être liquide, mais pas assez pour altérer les tissus de l'arbre. On l'étend sur les plaies avec une brosse semblable à celle dont se servent les peintres, et que l'on peut fixer à l'extrémité d'un long manche pour atteindre jusqu'aux points les plus élevés de la tige. Cette opération est faite un jour ou deux après l'élagage et par un temps bien sec, afin que les plaies n'offrant aucune humidité cet engluement résineux y adhère mieux. Il sera bon de répéter cette opération, sur les mêmes plaies, tous les deux ou trois ans, c'est-à-dire après chaque nouvel élagage, et cela jusqu'à ce que la plaie soit complètement cicatrisée.

Instruments pour l'élagage.

L'instrument le plus employé pour l'élagage est la serpe que tout le monde connait et dont la forme varie un peu, suivant les localités. On se sert aussi du croissant pour couper l'extrémité flexible de certaines branches dont on veut arrêter l'accroissement.

Il est un autre instrument qui mérite d'être beaucoup plus répandu qu'il ne l'est, c'est l'*ébranchoir à crochet*. Cet instrument est surtout très-utile pour l'élagage des jeunes arbres, trop faibles pour qu'on puisse monter dessus sans inconvénient. Il dispense aussi, jusqu'à un certain point, de l'emploi des échelles. Pour se servir de cet instrument, on place la lame au point où la branche doit être coupée; puis, en frappant sur l'extrémité inférieure du manche à l'aide d'un maillet, on la détache facilement. Le crochet qui accompagne la lame sert à dégager ensuite la branche à couper de celles dans lesquelles elle peut être retenue. On peut augmenter ou diminuer à volonté la longueur du manche de cet ébranchoir au moyen de rallonges.

L'échenilloir peut également être employé d'une manière utile pour raccourcir les rameaux élevés; cet instrument est formé d'une espèce de sécateur fixé à l'extrémité d'une perche, et se manœuvrant au moyen d'une corde.

On doit proscrire absolument l'emploi des griffes, dont les élagueurs s'arment par fois les pieds pour monter sur les arbres. Ces griffes mutilent la tige en y laissant des plaies contuses, toujours funestes aux arbres. Il vaut mieux obliger les ouvriers à se servir d'échelles doubles ou simples suffisamment élevées.

La scie est aussi un mauvais instrument pour l'élagage des arbres. La plaie qu'elle laisse est déchirée, rugueuse; l'humidité y est arrêtée comme dans une éponge, et il en résulte la prompte décomposition du bois. Si quelques circonstances particulières rendaient indispensable l'emploi de cet instrument, il faudrait au moins enlever avec le plus grand soin toutes les traces de la scie sur la plaie.

Fréquence des élagages.

On laisse presque toujours s'écouler un laps de temps trop considérable entre les élagages successifs d'un même arbre.

Pour les plantations des routes, le premier élagage ayant été fait à l'époque prescrite, on répétera ensuite cette opération tous les deux ans pendant les douze premières années. Après ce laps de temps, les arbres commenceront à perdre une partie de leur plus grande vigueur; leur allongement annuel et leur accroissement en diamètre seront un peu moins prompts. On pourra pendant les douze ou quinze années suivantes ne plus élaguer que tous les trois ans. Enfin, après cette seconde période, l'accroissement devient moins rapide encore; on laissera un intervalle de quatre ans entre chaque élagage jusqu'au moment où la tête de l'arbre, prenant beaucoup d'extension en largeur, croît très-peu en hauteur. Cela a lieu vers l'âge de trente à cinquante ans, suivant les espèces et la vigueur des individus. A cette époque, on cesse toute espèce d'élagage, car le tronc a désormais acquis toute la longueur qu'il était possible de lui donner, et toutes les branches qu'il porte lui sont désormais nécessaires pour former une tête volumineuse destinée à faire acquérir au tronc le plus grand diamètre possible. Il n'y a que les arbres à la tête desquels il importe de conserver une forme déterminée, comme cela a lieu pour ceux des plantations urbaines, qui soient encore soumis à un élagage périodique après ce moment.

Pour les plantations urbaines, les arbres devant offrir une tête toujours parfaitement régulière, et constamment renfermée dans les limites qu'elle ne peut dépasser sans nuire, soit à la décoration, soit aux propriétés voisines, l'élagage devra être répété tous les ans. Mais alors cette opération ne sera le plus souvent qu'une tonte pratiquée avec le croissant sur les diverses faces de la tête des arbres.

Forme des élagages.

Les divers modes d'élagage employés peuvent se réunir en quatre, savoir : l'élagage complet, l'élagage belge ou en colonne, l'élagage en cône et l'élagage progressif ou en tête ; les trois premiers modes présentant des inconvénients, au point de vue de la formation du bois de service, doivent être rejetés, et *l'élagage progressif* ou *en tête*, qui n'est autre chose que l'application des principes posés plus haut, doit seul être adopté pour les plantations des voies de communication.

Élagage des plantations urbaines.

Pour les plantations urbaines, on n'enlèvera complètement les ramifications de la tige que sur une hauteur de 2 m 50 à 3 m 00 ; on supprimera les ramifications vigoureuses voisines du rameau terminal, et on raccourcira les branches latérales trop vigoureuses.

Exploitation ; maturité de l'arbre. abattage.

Lorsque l'arbre arrive à sa maturité, et que les prolongements extrêmes des rameaux se dessèchent, il devient nécessaire de procéder à l'exploitation de la plantation, qui ne tarderait pas à dépérir.

L'abattage se fait soit par coupe sèche, c'est-à-dire en séparant, au moyen de la scie, l'arbre de ses racines au niveau du collet, soit en séparant du sol les extrémités des racines et en amenant par efforts la chute de l'arbre entier.

Dans les deux cas, l'emploi de cordages sera utile pour diriger l'arbre dans sa chute. Avant l'abattage, il est nécessaire de supprimer les grosses branches de la tête de l'arbre, afin d'éviter sa mutilation ou celle des arbres voisins.

VI. MALADIES DES ARBRES.

Ces maladies sont déterminées, soit par l'ignorance ou la malveillance des hommes, soit par les intempéries, soit enfin par les insectes nuisibles.

Ignorance ou malveillance des hommes.

Les altérations produites par ces causes sont surtout les *ulcères*, la *carie*, les *empoisonnements*, l'*asphyxie*.

Ulcères. — Toutes les fois qu'une plaie faite à un arbre pénètre jusqu'au corps ligneux et le laisse pendant un certain temps exposé aux intempéries, l'humidité atmosphérique et l'eau des pluies altèrent les couches extérieures de l'aubier et déterminent l'écoulement d'un liquide de couleur brune et d'une grande âcreté. Cet écoulement nuit à la cicatrisation de la plaie en empêchant les bourrelets de se former sur les points du périmètre qui en sont atteints.

Le remède le plus efficace à employer dans cette circonstance consiste à enlever d'abord, et cela jusqu'au vif, toute la partie de l'écorce qui est altérée, ainsi que le bois décomposé ou déchiré, afin qu'il en résulte une plaie bien nette. Après avoir laissé cette plaie exposée à l'air pendant un jour ou deux pour qu'elle se dessèche, on la recouvre complétement avec du mastic à greffer, qu'on renouvelle chaque année si cela est nécessaire, jusqu'à ce que la plaie soit fermée par l'accroissement latéral de l'écorce.

Carie. — Si les ulcères restent longtemps abandonnés à eux-mêmes, ils donnent lieu à une autre maladie. Le corps ligneux mis à nu, restant exposé à l'influence de l'air qui le décarbonise et à celle de l'humidité des pluies, finit par se décomposer et se corrompre. Cet autre accident se nomme *carie*. Si cette maladie fait des progrès, tout le corps ligneux du tronc ou de la branche où elle se manifeste se décompose de proche en proche, de telle sorte qu'au bout d'un certain nombre d'années l'arbre devient entièrement creux et que sa durée est très-sensiblement diminuée.

Lorsque la carie est arrivée à ce point, il n'est plus possible de réparer les dégâts qu'elle a occasionnés; mais on peut prolonger l'existence des arbres ainsi attaqués en empêchant l'action de l'air et de l'humidité sur les parois de la cavité produite par la carie.

A cet effet, on commence par enlever sur les parois de la cavité, avec des instruments tranchants construits pour cet usage, la plus grande quantité possible des parties ligneuses décomposées, de façon à obtenir des surfaces unies. Puis on comble cette cavité, jusqu'à l'orifice, avec du mortier ordinaire composé de chaux et de sable. Si cette cavité est très-grande, on pourra même y ajouter des pierres. Arrivé à l'orifice, on ferme complètement l'ouverture pour que l'eau des pluies ne puisse pas y séjourner. On emploie, dans ce but, l'onguent de Forsyth, dont voici la composition :

Bouse de vache..........	500	grammes.
Plâtre..................	250	—
Cendres de bois.........	350	—
Sable siliceux..........	30	—

Avant d'appliquer cet onguent, on aura dû enlever avec soin, à l'orifice de la cavité, les parties d'écorce et de bois desséchées, de manière à ce que les bords de la plaie, mis au vif, puissent développer des bourrelets qui devront fermer l'ouverture.

EMPOISONNEMENTS. — Certaines substances liquides ou gazeuses, mises en contact avec les racines ou les feuilles, causent souvent la mort des arbres.

Dans le voisinage des fabriques de produits chimiques et de tous les établissements d'où s'échappent d'abondantes vapeurs acides ou ammoniacales, on voit souvent les feuilles des arbres entièrement desséchées et ceux-ci rester languissants et périr après une lutte de quelques années Ce résultat est dû, à n'en pas douter, à l'action des vapeurs qui corrodent les parties vertes. Il n'est pas de remède contre ces influences fâcheuses. On devra donc s'abstenir de planter dans ces localités ou du moins ne le faire que du côté le moins exposé à ces émanations pernicieuses.

Depuis que l'éclairage au gaz a pris dans nos villes une grande extension, un accident de même nature se manifeste souvent parmi les arbres des promenades publiques qui avoisinent les conduits destinés à la circulation de ce gaz. On voit un certain nombre de ces arbres dont les feuilles se flétrissent et qui périssent tout-à-coup. C'est encore là un véritable empoisonnement produit par une fuite de gaz.

Asphyxie. — On voit parfois les arbres de certaines plantations, après avoir prospéré pendant quelques années, cesser tout-à-coup de se développer, languir et mourir. Ce résultat se remarque toujours lorsque le sol a été tout-à-coup exhaussé à 0m 50 au moins au-dessus de son niveau primitif. Il se produit alors une véritable asphyxie des racines; car celles-ci ne pouvant plus recevoir l'influence de l'air dont le concours leur est indispensable, elles cessent leurs fonctions et pourrissent. Quelquefois cependant, lorsque les arbres sont jeunes, ils développent dans le voisinage de la surface du sol de nouvelles racines qui remplacent bientôt les premières, et l'arbre finit par reprendre sa vigueur. On devra donc s'abstenir d'exhausser le niveau des terrains plantés, et il faudra se hâter de déblayer le sol partout où les arbres présenteront cet état languissant.

Intempéries.

Les accidents produits par les intempéries sont particulièrement la *roulure*, la *gelivure* ou *cadranure* et les *coups de soleil*.

Roulure. — Cet accident résulte de l'action des gelées tardives. Ainsi, il arrive parfois que les arbres sont en pleine végétation, que la couche ligneuse de l'année a commencé à s'organiser et qu'il survient alors une forte gelée. Si cette gelée est assez intense, elle désorganise non-seulement les bourgeons et les feuilles des arbres, mais encore la couche ligneuse en état de formation. Celle-ci apparaît alors sur la coupe transversale du tronc sous forme d'une zone de couleur brune. Cet accident, qu'on ne peut prévenir et auquel on ne peut remédier, enlève aux arbres une grande partie de leur prix comme bois d'œuvre.

Gelivure ou Cadranure. — D'autres fois, lorqu'il survient une gelée très-intense succédant immédiatement à une pluie abondante, ou bien lorsque cette gelée frappe les arbres de terrains naturellement humides, le corps ligneux du tronc de ces arbres, imbibé de fluides aqueux, se congèle. Il se manifeste alors dans toute l'épaisseur du tronc des fentes verticales qui, partant du centre, rayonnent vers la circonférence et déchirent même l'écorce. C'est la maladie connue sous le nom de *gelivure* ou *cadranure*. On voit souvent apparaître, à la suite de cet accident, et par ces fentes, des écoulements qui se transforment en ulcères particulièrement connus sous le nom de *gouttières*, et qui enlèvent au tronc presque toute sa valeur comme bois de construction. Aussitôt que ces fentes apparaissent sur l'écorce, il faut enlever avec un instrument bien tranchant les deux côtés de la plaie longitudinale sur une largeur de deux centimètres environ, et la recouvrir avec du mastic à greffer. Après deux ou trois jours de dessiccation à l'air, la cicatrisation s'opère, et l'écoulement n'a pas lieu.

Coups de soleil. — Les jeunes arbres à haute tige présentent souvent cette particularité que l'écorce du tronc, frappée par les rayons du soleil couchant, se dessèche, se crevasse et tombe, en laissant à nu le corps ligneux. On observe rarement cet accident sur l'orme et sur toutes les espèces dont les couches extérieures de l'écorce, cédant promptement à l'accroissement en diamètre du corps ligneux, se déchirent et passent rapidement à l'état inerte. Il est, au contraire, très-fréquent dans les espèces dont les anciennes couches corticales se prêtent longtemps à l'augmentation en diamètre du corps ligneux avant de se déchirer : tels sont les hêtres, les tilleuls, les érables, le marronnier d'Inde, etc.

Cette altération doit être attribuée à l'action des rayons solaires qui, pendant l'été, frappent la tige des arbres depuis trois heures après-midi jusqu'au soir.

Il faudra donc s'abstenir de faire de grandes plantations d'arbres à écorce lisse dans les endroits où la tige de ces arbres serait directement frappée par les rayons du soleil couchant.

Si ces arbres doivent être peu nombreux, on pourra les garantir de cette décortication en abritant le tronc, du côté de l'ouest pendant les premières années qui suivent la plantation. Cette condition peut être remplie en couvrant cette partie de la tige, soit avec de la terre glaise à laquelle on aura ajouté un peu de chaux pour en rendre la couleur moins foncée et faire qu'elle s'échauffe moins facilement, soit avec un fragment d'écorce de tilleul ou autre que l'on maintient avec quelques fils de fer.

Quant aux arbres déjà décortiqués, il faudra, pour arrêter la carie et faciliter la cicatrisation des plaies, enlever les parties en décomposition, recouvrir le tout d'une couche de mastic à greffer et appliquer sur tout ce côté de l'arbre une bande d'écorce maintenue comme nous venons de l'indiquer.

Insectes nuisibles aux arbres.

Les insectes nuisibles sont incontestablement les ennemis les plus redoutables des plantations d'alignement, par les ravages qu'ils exercent en dévorant les organes foliacés des arbres, ou les parties essentielles de l'écorce et de l'aubier.

Le *Cossus rouge-bois* est d'un gris cendré, avec de petites lignes noires nombreuses sur les ailes supérieures. La chenille attaque les saules, les peupliers, le chêne, et particulièrement les plantations d'ormes dans lesquelles elle cause des ravages considérables. Cette chenille, de la grosseur du petit doigt, est de couleur rougeâtre avec des bandes transversales d'un rouge de sang. Elle pénètre, jeune encore, au-dessous de l'écorce, vers la base de la tige; et là elle pratique, aux dépens des couches d'aubier les plus jeunes et des couches du liber, de nombreuses galeries qui interrompent la circulation de la sève, rendent l'arbre languissant, et souvent même le font périr. La présence de ces larves est indiquée par un suintement rougeâtre accompagné d'un peu de détritus semblable à de la sciure de bois qui s'échappe par des ouvertures irrégulières.

Il est malheureusement assez difficile de détruire cet insecte. Un moyen de diminuer son abondance consiste à faire la chasse aux papillons de cette espèce, qu'on rencontre fréquemment vers le milieu de l'été appliqués contre le tronc des arbres et aux cocons que la chenille fait sous l'écorce, à l'orifice de ses galeries. Le procédé que nous indiquons plus loin pour la destruction du scolyte produit aussi de très-bons résultats pour les *cossus*, dont un grand nombre de larves sont mises à nu par cette opération.

Le *cossus du marronnier* a un papillon assez grand, qui a les ailes blanches, semées d'une multitude de points d'un noir bleuâtre. Sa chenille, d'un jaune pâle, est couverte de points noirs et offre une tête de la même couleur. Elle vit comme la précédente aux dépens des jeunes couches ligneuses et corticales du bas de la tige, et attaque de préférence le marronnier, le tilleul et l'orme. On emploie pour détruire cette espèce les mêmes procédés que pour le cossus ronge-bois. Les papillons éclosent vers la fin de juillet.

La *sésie apiforme* a un papillon assez petit, à ailes transparentes, et offrant l'aspect et la couleur de la guêpe-frelon. La chenille est blanchâtre, avec une ligne médiane obscure sur le dos. Cette larve attaque de préférence la base de la tige et les racines des peupliers et des saules. La destruction des papillons, qui paraissent vers le milieu de juillet, est le seul moyen de diminuer l'abondance de cet insecte.

Le *bombyce processionnaire* est de moyenne taille, d'un gris sale et brunâtre, avec des raies transversales claires et foncées qui s'alternent. La chenille est d'un gris bleuâtre ou rougeâtre et hérissée de poils fort longs. Elle porte, sur la ligne médiane du dos, des raies transversales et de petites excroissances d'un rouge-brun. Le papillon prend son essor en août; il dépose ses œufs sur l'écorce du chêne, et les chenilles qui éclosent en mai voyagent sur l'arbre par ascension et y vivent en société; après chaque mue les escadrons deviennent plus volumineux. Les mues s'effectuent sous une toile de soie, filée dans les anfractuosités des branches ou sur le tronc; leur passage à l'état de chrysalide se fait aussi dans l'intérieur d'un grand réseau en forme de ballon, lequel est d'un blanc sale et commun pour toutes les chenilles.

On détruit cet insecte en enlevant, vers la fin de juillet, les sortes de gros flocons dont les chenilles s'enveloppent. Cette chasse doit être faite avec un racloir en fer, pour éviter les accidents inflammatoires qui atteignent les ouvriers touchés par le duvet qui recouvre ces chenilles.

Le *bombyce-à-cul-doré* est blanc comme la neige; seulement la laine dévidable qui se trouve à l'anus de la femelle est d'une couleur brune-rougeâtre. La chenille couverte de poils est d'un brun-foncé et porte plusieurs raies rouges longitudinales. Elle attaque notamment le chêne et l'orme. On détruit facilement cette espèce en recueillant et en brûlant les nids de chenilles qui, après la chute des feuilles, sont faciles à apercevoir sur les branches.

Le *bombyce du saule* a les ailes d'un blanc argenté et luisant avec des nervures jaunâtres. La chenille a le dos couvert de grandes taches jaunes ou blanchâtres, séparées par des bandes noires. Ces taches jaunes sont accompagnées de chaque côté par une ligne de tubercules rouges. Une autre ligne de tubercules, surmontés de poils roux, est placée sur chacun des côtés de cette larve.

Cette chenille attaque surtout les peupliers, dont elle dévore les feuilles. Le moyen le plus prompt de diminuer l'abondance de cette espèce est d'écraser les œufs déposés par le papillon contre la tige des arbres en juillet.

Le *bombyce-livrée* est un insecte de moyenne grandeur et d'un rouge-brun. Sa larve vit en association sur les ormes et quelques autres espèces. On peut détruire ces chenilles soit en enlevant leurs nids en hiver, soit en les écrasant au printemps contre la tige, alors qu'elles sont réunies en bloc, soit enfin au moyen d'une solution de savon noir, lancée sur elles à l'aide d'une petite pompe à main.

Le *bombyce-dispar* présente d'assez grandes dimensions. La femelle est beaucoup plus grande que le mâle et d'un blanc gris. Le mâle est brun-foncé. La chenille a une grosse tête, de longs poils, avec cinq paires de verrues dorsales bleues et six paires rouges. La chrysalide est d'un brun-noirâtre et porte des touffes de longs poils roux. Elle est fixée entre quelques fils isolés soit entre les feuilles, soit à d'autres points d'attache des branches. Le papillon prend son essor en août, et la femelle dépose de deux à quatre cents œufs en un paquet ovale, recouvert et garni intérieurement d'un duvet jaunâtre.

La chenille de ce bombyce est si vorace qu'elle attaque tous les arbres. On peut diminuer l'abondance de cette espèce en enlevant avec un grattoir, pendant l'automne et l'hiver, les amas d'œufs.

Les *coléoptères* les plus nuisibles aux plantations des routes ou des promenades publiques sont surtout le hanneton et le scolyte :

Le *hanneton commun* dévore entièrement, dans certaines années, les feuilles et les jeunes bourgeons de presque toutes les espèces d'arbres. Sa larve connue sous les noms de *mans*, de *ver blanc*, de *turc*, ronge les racines et fait souvent périr les arbres. Il n'y a d'autre moyen de combattre la multiplication de cet insecte vraiment désastreux que de le détruire, soit à l'état parfait, soit à l'état de larve ; encore ce moyen ne conduira-t-il à un résultat efficace qu'autant qu'il sera également appliqué sur toute une contrée.

Le *scolyte destructeur* est un autre coléoptère, dont la larve ronge le liber des arbres en y pratiquant des galeries qui interceptent la circulation de la sève, et déterminent bientôt la mort des arbres. On reconnaît d'ailleurs leur présence sous l'écorce, au nombre considérable de petits trous dont sa surface est criblée.

Le scolyte destructeur dépose ses œufs dans l'écorce de l'orme, de chaque côté d'une galerie verticale que la femelle se creuse plus ou moins profondément. Chaque larve, aussitôt après son éclosion, se creuse une galerie horizontale, et par conséquent perpendiculaire à celle de la mère, et dont le diamètre augmente d'autant plus que la larve s'éloigne de son point de départ et approche davantage de son entier développement.

On peut détruire un grand nombre de ces larves en opérant ainsi sur les arbres attaqués :

Pour les arbres encore jeunes et dont l'écorce est à peine rugueuse à sa surface, on pratique, dans l'écorce, des tranchées larges de 0 m 06 à 0 m 08 séparées l'une de l'autre par un intervalle d'une largeur double et qu'on laisse intact. Ces tranchées, qui naissent du collet de la racine, et qui se prolongent jusqu'à la naissance des grosses branches, doivent être assez profondes pour pénétrer jusqu'aux couches du liber les plus vivantes et ne pas les attaquer.

Si les arbres sont déjà âgés et couverts d'une écorce rugueuse, il sera plus convenable d'enlever cette vieille écorce sur toute la surface du tronc, en respectant seulement les couches du liber les plus vivantes. On mettra ainsi à nu le plus grand nombre des larves du scolyte, et celles qui échapperont à cette opération seront bientôt détruites par la recrudescence qui se manifestera dans la végétation de l'arbre.

Si enfin certaines parties de l'écorce du tronc ont été complètement détruites par le scolyte, on devra en enlever tous les autres points et détacher la vieille écorce jusqu'aux couches vivantes du liber.

Pour compléter cette opération, il faudra recouvrir les surfaces où le liber a été mis à nu, avec une bouillie composée de deux parties de chaux éteinte, d'une partie de terre glaise et d'une suffisante quantité d'eau. Autrement, ces jeunes couches de liber seraient trop promptement desséchées par l'action de l'air ou l'ardeur du soleil. Si les pluies pénètrent jusqu'à l'aubier, il faudra remplacer l'engluement précédent par du mastic à greffer, afin d'empêcher la carie du bois.

C'est pendant le repos de la végétation qu'on doit pratiquer ces diverses opérations.

Echenillage

En outre des procédés particuliers décrits ci-dessus pour la destruction de certaines espèces d'insectes, l'échenillage de tous les arbres doit être pratiqué chaque année, du 15 février au 15 mai, en enlevant les nids de chenilles au moyen de l'échenilloir et en les brûlant ensuite. Cette opération est de la plus grande utilité.

Toutes les espèces d'arbres ne sont pas également exposées aux attaques des insectes nuisibles. Nous plaçons ici la liste des espèces indiquées précédemment pour les routes ou les promenades publiques, rangées d'après l'intensité des dommages qu'elles éprouvent de la part de ces insectes :

Ormes ;	Erables ;
Peupliers ;	Noyers ;
Marronniers d'Inde ;	Mûriers,
Tilleuls ;	Frênes ;
Chênes ;	Robiniers,
Châtaigniers,	Platanes,
Charmes ;	Micocouliers ;
Hêtres ;	Vernis du Japon.
Aunes ;	

On devra donc choisir à convenance égale les espèces les moins exposées aux ravages de ces insectes.

Bourg, le 2 juillet 1857.

TABLE DES MATIÈRES.

Bourg, imprimerie Dufour.

www.ingramcontent.com/pod-product-compliance
Lightning Source LLC
LaVergne TN
LVHW012012160826
845678LV00002B/787

* 9 7 8 2 3 2 9 6 6 4 0 2 6 *